MISSION G. RÉVOIL

AUX PAYS ÇOMALIS.

FAUNE ET FLORE

SERTULUM SOMALENSE

PAR

M. A. FRANCHET

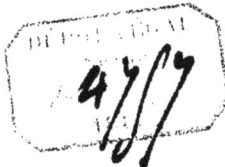

8° S
2907

La liste des plantes récoltées par M. G. Révoil dans le pays Çomalis, et que j'énumère ici d'après l'herbier déposé par lui en 1881 dans les collections du Muséum d'histoire naturelle de Paris, ne peut donner sans doute qu'une assez faible idée de la végétation de cette contrée. Néanmoins, si restreinte que soit cette collection, formée au prix de mille dangers et dont une notable partie a d'ailleurs été malheureusement perdue pendant le voyage, elle n'en fournit pas moins un ensemble relativement assez considérable de faits propres à jeter quelques lumières sur la géographie botanique d'une région si peu connue.

Jusqu'ici un seul botaniste, le regrettable J. M. Hildebrandt, avait fourni des matériaux de quelque importance pour la connaissance de cette flore ; mais il ne paraît pas avoir pénétré bien avant dans l'in-

térieur du pays ; ses explorations ont dû se borner
au littoral et c'est à peine s'il a pu toucher les
chaînes de basses montagnes qui en sont le plus
rapprochées.

Il était réservé à M. G. Révoil d'aborder le premier, en naturaliste, ces hauts plateaux qu'on pouvait supposer présenter la végétation de la contrée
avec son cachet le plus caractéristique. Trois fois
notre intrépide voyageur s'est engagé dans le cœur
même du pays ; c'est d'abord la chaîne montagneuse circonscrivant la partie Nord-Ouest des Çomalis qu'il traverse d'un bout à l'autre, de Gan-
dala à Berguel ; puis, de Benden Gàsem, petit port
du littoral nord, il pénètre jusque dans la vallée
du grand fleuve Darror ; enfin, partant de Lasgoré,
autre port du même rivage, il franchit la grande
chaîne des Ouarsanguélis, traverse le Darror presque à sa source, ainsi que ses nombreux affluents,
et s'arrête seulement au pied des monts Karkar,
dans la région des Dolbohantes.

De pareilles explorations, à travers un pays ab-
solument inconnu, ne pouvaient manquer d'amener
de fructueux résultats, et ce qui a pu être conservé
des récoltes botaniques de M. G. Révoil, est bien
propre à faire regretter tout ce qui a été perdu dans
le cours de son périlleux voyage.

Ainsi qu'on devait s'y attendre, en raison de la
diversité des contrées parcourues, les plantes de
M. Révoil sont presque toutes différentes de celles
qui ont été rapportées par Hildebrandt. Les deu'

collections présentent pourtant en commun cette particularité d'avoir en espèces nouvelles environ le tiers des végétaux qui les composent ; mais tandis que les plantes du voyage de Hildebrandt, antérieurement décrites, indiquent une flore ayant presque toutes ses relations avec celle de l'Arabie et du littoral africain de la mer Rouge, les plantes de la région explorée par M. Révoil dénotent une affinité plus accentuée avec l'Abyssinie, Natal et même, pour quelques-unes, avec le cap de Bonne-Espérance ; c'est ainsi que les genres *Pterodiscus*, *Lobostemon*, *Arthrosolen* sont représentés dans le pays des Çomalis, sans parler du *Kissenia*, des *Pelargonium* qui se rencontrent d'ailleurs en Abyssinie ou à Aden.

Il serait sans doute prématuré, en l'absence de documents plus complets, d'appuyer ici longuement sur les relations qui peuvent exister entre la région Çomalienne et les pays voisins ; néanmoins, ce que M. Vatke a publié des plantes d'Hildebrandt et ce que je dois conclure de la collection faite par M. Révoil, peut se résumer ainsi :

En mettant de côté les espèces Çomaliennes que l'on est en droit de considérer jusqu'ici comme autochtones et les genres que la région peut avoir en commun avec l'Afrique australe, on trouve que les relations se partagent à peu près également entre l'Abyssinie et l'Arabie, ainsi du reste que devait le faire présumer le climat et la situation géographique. La région Çomalienne emprunte à l'Abyssinie ses formes d'*Hibiscus*, de *Pavonia*, de *Cro-talaria*, la plupart de ses types de Rubiacées, de Composées et presque toutes ses Monocotylédones ; à l'Arabie ses Capparidées, ses Convolvulacées, ses Scrophularinées, ses Euphorbiacées. Cinq à six espèces ubiquistes lui sont seulement communes avec la région méditerranéenne.

Les contrées Çomaliennes ont été considérées par les anciens comme le pays de la Myrrhe et de l'Encens et les découvertes modernes ont en partie éclairci ce qu'il pouvait y avoir d'obscur à cet égard dans le récit des historiens. M. G. Révoil n'a rapporté aucune espèce nouvelle d'arbre à Myrrhe (*Balsamodendron*), ou d'arbre à Encens (*Boswellia*), mais il a vu ces arbres très nombreux dans le pays et il a pu faire d'intéressantes observations sur ceux qui produisent ces deux précieuses substances, et sur leur mode d'exploitation.

Je ne crois pas inutile de terminer ces quelques pages d'introduction par la liste des travaux concernant la flore Çomalienne que j'ai pu consulter ; ces travaux sont relativement assez nombreux, mais surtout très dispersés, dans un grand nombre de Revues, au point que je ne puis me flatter d'en omettre aucun.

— Ausflug von Aden in das Gebiet der Ver-Singelli Somaleh Besteigung des Ahl-Gebirges (Extrait de : Zeitschrift der gesellschaftfur erdkunde zu Berlin, 5ᵉ série, vol X (1875), p. 266). — C'est une sorte de journal dans lequel J. M. Hildebrandt donne, jour par jour, le récit de son voyage (du 17 mars 1873 au 6 avril de la même année) ; il cite environ 60 plantes.

— Monatsbericht der Königlich Preussischen Akademie der Wissenschaften zu Berlin (décembre 1876). Le genre *Hildebrandtia* Vatke, est décrit à la page 864 ; le genre *Cladostemon* Al..Br. et Vatke, à la page 866.

— Sitzungsber. d. Naturforsch. Freunde zu Berlin. March, 1878; et Monatschrift d. ver. zur Beförd. d. Gartenbaues, July, 1878. — On y trouve le récit du voyage d' Hildebrandt, dans lequel il ne fit que toucher le territoire Çomalis. On peut aussi consulter le sommaire des résultats botaniques des différents voyages de Hildebrandt, présenté par M. Kurtz, du Jardin de Berlin, au « Pfingstversammlung » pour être inséré dans les Mémoires de la Société botanique d'Oderberg, le 27 mai 1877. Je ne connais ce travail que par l'analyse qui en a été donnée dans le Journal of botany, vol. XVII (1879), p. 86.

— J. G. Baker et S. Le M. Moore. Descriptive notes on a few of Hildebrandts east African plants (Journ. of Botany, vol. XV (1877), p. 65 et p. 346 (*Holotrix Vatkeana* Rchb. fil.).

— G. Birdwood. On the genus *Boswellia* with descriptions and figures of three new species. 4 tab. (The Transactions of the Linnean Society of London, vol. XXVII (1871), p. 3).

— Vatke. Plantæ in itinere Africano ab J.M. Hildebrandt collectæ. (Extrait de Œsterreichische botaniche Zeitschrift, vol. XXV (1875).

    Scrophulariaceæ, p. 25.
    Labiatæ, p. 94.
    Borragineæ, p. 166.
    Rubiaceæ, p. 230.
    Compositæ, p. 323.
  Vol. XXVI (1876).
    Asclepiadaceæ, p. 145.
  Vol. XXVII (1877).
    Compositæ addendæ, p. 194.
  Vol. XXVIII (1878).
    Leguminosæ, p. 198, 213, 261.

— Vatke. Plantas in itinere Africano ab J.M. Hildebrandt collectas

determinare pergit W. Vatke (Extrait de Œsterreichische botaniche Zeitschrift, vol. XXIX (1879).

Leguminosæ, p. 218.

Vol. XXX (1880).

Leguminosæ-Cæsalpinæ, p. 78.
Leguminosæ-Mimosoideæ, p. 274.

— VATKE. Plantas in itinere Africano ab J. M. Hildebrandt collectas determinare pergit W. Watke (Extrait du Linnæa, vol.
XLIII).

Labiatæ, p. 83 (1881).
Scrophulariaceæ reliquæ, p. 304 (1882).
Borraginaceæ reliquæ, p. 314 (1882).
Solanaceæ, p. 324 (1882),

On trouve aussi l'indication de quelques plantes Çomaliennes
dans le Flora of tropical Africa, par D. Oliver ; ce sont les espèces
récoltées par Grant.

DICOTYLEDONES.

CRUCIFERÆ.

1. Notoceras sinuata. †

(Diceratella). Perennis, breviter tomentella, viridi-cinerea; folia petiolata, limbo obovato vel elliptico, inæqualiter sinuato-dentato, dentibus remotis, obtusis; flores laxi, subsessiles; petala anguste oblonga, purpurascentia, calice fere duplo longiora; ovarium apice bicornutum, cornubus semilunatis; siliqua matura.....

Très voisin du *Diceratella canescens* Boiss., il en diffère surtout par son tomentum plus court et beaucoup moins dense, ce qui laisse à la plante sa teinte verdâtre; le limbe des feuilles est plus étroit que dans la plante de Perse et bordé de dents plus étalées et plus larges.

Hab. — Çomalis, dans la région des sables.

DICROSIS. Section du genre MORETTIA.

Filets des étamines longues adhérents deux à deux; tous les autres caractères sont ceux des *Morettia*. (De δίκροος fourchu, et ἰς filament).

2. Morettia Revoili. † Tab. I.

(*Dicrosis*). Perennis, dense tomentosa, e basi ramosa; folia obovata, integerrima, in petiolum brevem attenuata; flores demum laxi, breviter pedicellati, pedicellis crassis, 5 mill. vix longis; sepala erecta, basi saccata, subacuta; petala purpurea, oblonga, limbo patenti; filamenta longiora per paria ultra medium connata; stylus brevissimus, stigmate bilobo; pedicelli fructiferi cum siliquâ sub angulo recto patentes; siliquæ (fere maturæ) obtuse quadrangulatæ, 12-15 mill. longæ, dense tomentosæ, valvis crassiusculis, minime torulosis, serius dehiscentibus, intus inter quæque semina transverse septatis; replum crassiusculum; semina uniseriata, cotyledonibus accumbentibus.

Port et fleurs d'un *Matthiola;* étamines des *Dontostemon;* fruits des *Morettia.*

Le *M. Revoili* constitue une petite plante herbacée de 10 à 12 cent., très rameuse, toute blanche tomenteuse; les feuilles avec leur pétiole ne dépassent guère 2 cent.; le calice atteint 10-12 mill.; les graines sont très étroitement ailées.

Hab. — La région des sables, sur la route de Daga-Daouro à Yaffar (Ouarsanguélis). — Vulg. *Guédàar.*

3. Farsetia Boivini.

Fourn. Bull. Soc. bot., XI, p. 56.

Hab. — Lit du Karin Saré (Ouarsanguélis).

CAPPARIDEÆ.

4. Cleome arabica.

L. Sp., 939, var. *stenocarpa.*

Siliquæ anguste lineares, 7-8 cent. longæ, 3-4 mill. latæ.

Hab. — Daga-Safré (Ouarsanguélis).

5. Cleome brachycarpa.

Vahl in D. C. Prodr., I, 240.

Hab. — Merâya (Medjourtines). — Vulg. *Douf-fénoud.*

6. Cleome droserifolia.

Del. Fl. Egypt., 317, tab. 36, fig. 2.

Hab.—Plateau de Yaffar(Ouarsanguélis.)—Vulg. *Yaffan.*

7. Cleome albescens. †

Glauco-pruinosa, ramis virgatis præsertim superne parce glandulosis; folia petiolata, limbo late obovato vel orbiculato, obscure trinervo, basi breviter attenuato ; flores laxi, parvuli (3 mill. longi), longiuscule pedicellati, bracteis mox deciduis; pedicelli fructiferi patentes, 10-12 mill. longi ; sepala deltoidea; petala (purpurea?) oblonga, obtusa, calice [duplo longiora ; siliquæ ascendentes, lineares (3 cent. longæ, 2-3 mill. latæ), acutæ, glabræ.

Cette espèce rappelle assez bien le *Cl. glauca* D. C., elle en diffère surtout par ses siliques plus étroites, dressées et non pendantes.

Hab. — Merâya (Medjourtines).

8. Capparis galeata.

Fresen. Mus. Senk. beytr. Abyss., p. III.

Hab. — Puits de El-Guel (Medjourtines).

9. Cadaba somalensis. †

Rami vetusti tenuissime puberuli, hornotini parce glandulosi; folia breviuscule petiolata, limbo ovato vel suborbiculato, basi rotundato, obscure nervato, utrinque tenuissime lepidoto-glanduloso ; racemi foliis longiores; pedunculi pollicares, glandulosi, arcuato-patentes; sepala 4, late ovata, mucronulata, concava, parum inæqualia ; petala 4, sepalis duplo longiora, limbo ovato in unguem linearem 3-plo breviorem abrupte contracto ; nectarium cylindricum, truncatum, petalis duplo brevius ; fructus maturos non vidi. — Frutex scandens.

Le *C. somalensis* a tout à fait l'aspect du *C. rotundifolia* Forsk, mais il s'en éloigne complètement par ses fleurs pourvues de pétales; il doit être placé à côté du *C. heterotricha* Stocks, espèce du Scinde, dont il diffère d'ailleurs par ses feuilles arrondies et non atténuées à la base, par la pubescence glanduleuse des jeunes rameaux moins dense et plus allongée, par ses fleurs plus grandes, etc.

Hab.—Kakadla, lit du Karin Ossé (Medjourtines). — Vulg. *Galangal.*

RESEDACÉÆ.

10. Reseda amblyocarpa.

Fresen. Beitr. zur. flor. v. Abyss., 108.

Hab. — Çomalis, région des sables, sur le littoral. — Vulg. *Oulaj.*

POLYGALEÆ.

11. Polygala tinctoria.

Vahl. Symb., I, 50.

Hab.— Our-Alet, vallée du Tigieh (Medjourtines). — Vulg. *Ougralé.*

CARYOPHYLLEÆ.

12. **Gypsophila somalensis.** †

Perennis, pilis brevibus patentibus glandulosa, ramosissima; folia in petiolum brevem attenuata, inferiorum limbo obovato, superiorum oblongo; panicula valde composita, ramis late effusis; flores parvi, pallide rosei; calix 5-partitus, tubo campanulato, lobis lanceolato-linearibus; petala oblongo-obovata, calicem paulo superantia; ovarium 2-3 ovulatum; capsula globosa, seminibus duobus vel abortu solitariis, dense tuberculatis.

La plante appartient au groupe des *Paniculata*; les fleurs sont semblables à celles du *G. Arrostii* Guss.; mais la panicule est plus composée et plus florifère; la pubescence glanduleuse étalée qui recouvre toute la plante et la forme des feuilles, très atténuées à la base, distinguent bien le *G. somalensis* des espèces voisines.

Hab. — Vallée du Gueldora, prés de Lasgoré (Ouarsanguélis). — Vulg. *Ouélo-Soubhé.*

LINEÆ.

13. **Linum gallicum.**

L Sp., 401.

Hab. — Région des Çomalis, dans les terrains argileux.

La plante se trouve aussi dans l'Abyssinie.

MALVACEÆ.

14. Abutillon fruticosum.

Guill. et Perr. Fl. Sénég., I, 70.

Hab. — Cirque de Sabé (Ouarsanguélis).

15. Senra incana.

Cav. Diss., 83, tab. 35, fig. 3.

Hab.—Lagune de Merâya (Medjourtines).—Vulg. *Balenbal.*

16. Hibiscus sanguineus. †

(*Bombicella.*) Ramuli graciles, virgati, pube rufâ, stellatâ, conspersi; folia petiolata, petiolo limbum circiter æquante, limbo late ovato vel suborbiculato, argute et inæqualiter dentato, præsertim subtus pilis stellatis vestito; flores parvi, ad axillam bracteæ parvulæ et dentatæ solitarii, pedunculo vix pollicare, pilis rufis subadpressis vestito; bracteolæ 10, breves, lineari-subulatæ, calicem 5-dentatum paulo superantes; petala 6-7 mill. longa, punicea, obovata, subtus stellatim pilosa; capsula ovata, tenuiter pubescens; semina parce lanata.

· Port de l'*H. ovalifolius* Vahl.; il en diffère par ses feuilles à limbe plus arrondi, par ses bractéoles qui dépassent le calice à 5 dents et non à 5 lobes; par ses pétales plus larges et plus courts, étalés, planes durant l'anthèse.

Hab. — Barkeia-Kogué (Ouarsanguélis).

17. **Hibiscus somalensis.** †

(*Bombicella.*) Ramuli, flexuosi, elevato-punctati, parce pubescentes; folia oblonga, breviter petiolata, utrinque pube stellata parce conspersa, nunc dentata vel sinuato-dentata, nunc trilobata, lobo intermedio elongato; flores parvi, solitarii, axillares, pedunculo pollicare et ultra; bracteolæ setaceæ, extus recurvæ, calice breviores; calix profunde 5-partitus, laciniis lanceolato-linearibus, pilis longis adpressis vestitus; petala intense punicea, 8 mill. longa, oblonga, apice rotundata, extus sericeo-argentea; capsula globoso-depressa, tenuiter puberula; semina lanuginosa.

Voisin de l'*H. virgatus* Bl., il s'en distingue par ses bractéoles plus allongées et recourbées en dehors, par son calice divisé presque jusqu'à la base, très poilu, et non pas finement pubescent et à 5 lobes courts.

Hab. — Montagnes des Ouarsanguélis.

18. **Sida rhombifolia.**

L. Sp., 961.

Hab. — Peu rare sur le territoire des Çomalis:

19. **Pavonia somalensis**. †

Rami vetusti glabri, juniores ut et tota planta stellato-pilosi; folia longiter petiolata, petiolo limbum æquante, limbo fere orbiculato, basi subcordato, subintegro, apice tantum parce et obsolete crenulato; flores solitarii, axillares, ultra semipollicares, pedunculo petiolum superante, subpollicare, pilis longis patentibus, et pilis brevioribus stellatis hispido; bracteolæ 12, subulatæ, longe ciliatæ; calix ultra medium 5-lobatus, lobis lanceolatis, acutis; petala rosea (in sicco), calice 3-plo longiora; capsula globosa, tenuiter pubescens, carpellis dorso transverse et oblique rugosis.

Le *P. somalensis* ressemble beaucoup au *P. Kotschyi* Hochst., à côté duquel il doit être placé; ses fleurs sont un peu plus grandes, ses feuilles presque entières; mais il s'en éloigne surtout par ses carpelles rugueux transversalement, tout à fait dépourvus d'ailes.

Hab. — Cirque de Sabé (Ouarsanguélis).

20. **Pavonia somalensis**, var. *cardiophylla*.

Folia orbiculato-cordata, apice grosse 3-7 dentata; cætera ut in forma præcedente.

Hab. — Carin Ossé; Kakadla (Medjourtines).

2

21. **Pavonia glandulosa.** †

Stellato - pilosus, apice glandulosus; folia petiolata, inferiorum limbo ovato, superiorum cordato-oblongo, integerrimo, vel apice obsolete paucidenticulato, utrinque parce stellato-piloso; flores et fructus ut in *P. somalensi.*

Diffère du *P. somalensis*, dont il n'est peut-être qu'une variété, par ses feuilles supérieures cordiformes-oblongues, par sa pubescence plus courte et par la présence de poils glanduleux, vers le haut de la tige et sur les pédoncules.

Hab. — Région des Çomalis.

22. **Pavonia serrata.** †

Humilis, stellato-pubescens; folia petiolata, limbo ex basi leviter cordata oblongo, apice rotundato, æqualiter et sat crebre denticulato; pedunculi axillares solitarii, 2-3 cent. longi; bracteolæ 10-12, subulatæ, longiter ciliatæ, petalis æquilongæ, calix ad basin fere usque 5-partitus, lobis lanceolatis, acuminatis; corolla patens, diam. fere pollicaris, lutea; petala late obovata.

Les feuilles ont tout à fait la forme de celles du *Betonica officinalis*, mais elles sont trois fois plus petites.

Hab. — Montagnes Ouarsanguélis.

BYTTNERIACEÆ.

23. **Hermannia paniculata.** †

Fruticulus humilis, cinereo-incanus; folia molliter tomentosa, petiolata, limbo ovato, basi rotundato, inæqualiter dentato, vel subinciso ; inflorescentia terminalis, pyramidato-paniculata, pedunculis minute basi bracteatis, patentibus, pedicellis flore brevioribus; calix ultra medium 5-partitus, lobis lanceolatis, acutis; petala lutea, late obovato-cuneata, calice dimidio breviora; stamina calici æquilonga, filamentis brevibus e basi latiore attenuatis; styli 5, fere ex toto liberi.

Cette plante rappelle assez bien le *Mahernia abyssinica* Hochst, mais outre que la forme des filets staminaux, régulièrement atténués de la base au sommet, ne permet pas de la séparer des *Hermannia*, les feuilles sont plus tomenteuses, plus larges, plus profondément incisées, la panicule est pyramidale, presque nue, les feuilles étant réduites à de très petites bractées, les pétales deux fois plus courts que le calice, etc.

Hab. — Les rochers de la région montagneuse. — Vulg. *Reko.*

GERANIACEÆ.

24. **Pelargonium somalense.** †

Pumilum, adpresse sericeum, præsertim ad pedunculos pilis patentibus hispidulum; folia sat longe petiolata, limbo cordato, obsolete trilobo, lobis lateralibus ovatis, divaricatis, intermedio triplo longiore, inciso-crenato; pedunculus 10 cent. longus, pauciflorus, bracteolis minutis, membranaceis, lanceolato-subulatis, apice longe pilosis; sepala hirsuta, anguste lanceolata, acuta; petala pallide violacea, oblonga.

Le limbe des feuilles est long de 12 à 18 mill.; les pétales ne dépassent guère 1 centim., et sont à peine une fois plus longs que les sépales.

Le *P. somalense*, dont je n'ai vu qu'un seul exemplaire, est assez voisin du *P. cortusœfolium* L'Hérit., il me paraît en différer par la pubescence un peu tomenteuse qui recouvre toutes ses parties, par ses tiges florifères nues et non munies de petites feuilles écartées, simples et non rameuses; la plante est moins nettement fruticuleuse à la base que celle du Cap.

Hab. — La région montagneuse des Çomalis.

SAPINDACEÆ.

25. Dodonæa viscosa.

L. Mant., 233.

Hab. — Aïrensit (Ouarsanguélis). — Vulg. *Den.*

AMPELIDEÆ.

26. Vitis erythrodes.

Fresen. Mus. Senkenbg., II, p. 284.

Hab. — La région montagneuse des Çomalis.

TILIACEÆ.

27. Antichorus depressus.

L. Mant., 64.

Hab. — Merâya (Medjourtines).

28. Grewia velutina. †

Rami, cinerei; stipulæ..... (?); folia petiolata, petiolo 1 cent. longo, limbo ovato-oblongo, inæquila-
terale, basi truncato, apice acuminato, duplicate
serrato, utrinque tenuissime velutino, subtus albido,
nervis utrinsecus 4-5 ; cymæ axillares, pedunculo
petiolum circiter æquante; sepala valide 3-nervata;
petala late oblonga, calice duplo breviora ; fructum
non vidi.

Espèce assez voisine du *Gr. canescens* Ach. Rich.;
mais ses feuilles sont 2-3 fois plus grandes, bordées
de dents plus inégales et plus profondes.

Hab. — La région montagneuse. — Vulg. *Debi.*

ZYGOPHYLLEÆ.

29. Fagonia glutinosa.

Del. Fl. Eg., 86, tab. 26, fig. 3.

Hab. — Les sables du littoral des Çomalis.

30. Fagonia arabica.

L. Sp., 553, forma *glabrescens.*

Plante presque glabre dans toutes ses parties,
mais d'ailleurs tout à fait semblable au type.

Hab. — Les sables du littoral des Çomalis.

31. Tribulus alatus.

Del. Fl. Eg. illustr., n. 438.

Hab.—Les sables du littoral des Çomalis.—Vulg.
Gondo.

32. Tribulus terrestris.

L. Sp., 554.

Hab. — Merâya (Medjourtines). — Vulg. *Gondo.*

33. Tribulus Revoili. †

Fruticulosus, erectus, ramis glabris punctatis;

stipulæ minutæ, sericeæ, folia 3-4 juga, foliolis
obovatis, præsertim subtus sparse pilosulis, apice
rotundatis vel subemarginatis; pedunculi crassi,
angulato-subalati, puberuli, sub anthesi circiter
1 cent., fructiferi fere 2 cent. longi; sepala (6-7 mill.)
lanceolato-acuminata, marginibus albo-membrana-
cea, extus tenuiter puberula; petala (10-12 mill.)
orbiculata, intense aurantiaca; ovarium setis albis
arrectis dense vestitum; stigmate elongato, breviter
pubescente; fructus globosus 5-carpellatus, glabrescens, nec alatus, nec tuberculatus, sed lenti-
cellis crassis conspersus.

Le *Tr. Revoili* ne présente d'analogie qu'avec
le *Tr. cistoides*; il s'en distingue nettement par son
état presque glabre, le nombre des folioles, la
forme des pétales et les caractères de ses fruits.

Hab. — Lit du Carin Ossé; Kakadla (Medjourtines). — Vulg. *Armanlé*.

RUTACEÆ.

34. Haplophyllum tuberculatum.

Juss. Mém. Mus., XII, 528, tabl. 17, n. 10.

Hab. — La région Çomalis. — Vulg. *Fodadé*.

35. Haplophyllum arbuscula. †

Fruticosum, pedale et ultra, dichotome ramosum,

ramis vetustis nudis, cicatricosis, novellis fusco-
pruinosis, dense foliatis; folia crassiuscula, lanceolato-linearia, obtusa, in petiolum distinctum attenuata ; flores ad apicem ramulorum corymbosi,
aurei ; pedunculi basi bracteis subulatis fulti, floribus paulo longiores ; lobi calicis lanceolato-deltoi-
dei, vix 1 mill. longi ; petala calice quintuplo longiora ; stamina libera, filamentis basi dense ciliatis ;
ovarium glabrum ; ovula 2, superposita.

Espèce bien caractérisée par ses rameaux adultes
complètement dépourvus de feuilles et couverts de
cicatrices, par son inflorescence peu composée ; sa
place est à côté de l'*H. patavinum*, dont elle n'a
d'ailleurs nullement l'aspect.

Hab. — Aïrensit (Ouarsanguélis).

LEGUMINOSÆ.

36. Crotalaria laxa. †

Herbacea, tenuissime et sparse puberula, ramis
gracilibus, parce foliatis; foliola parva (1 cent., vel
minora), obovata vel obcordata, stipulis minimis,
lanceolatis; racemi oppositifolii, elongati, laxissime
2-3 flori; bracteolæ minutissimæ, acutæ ; pedicelli
erecti, calice breviores; calix glabrescens, 5 mill.,
vix longus, dentibus lanceolatis, tubo paulo longioribus ; corolla lutea, 1 cent. longa, vexillo orbiculato, striato, quam carina acuta breviore ; legu-

mina oblonga, tenuiter puberula, stipitata, stipite
calicem subæquante, 10-12 ovulata ; stylus apice
puberulus.

La plante a le port du *Goodia latifolia;* tous ses
caractères la rapprochent du *Cr. Quartiniana* Ach.
Rich. M. Vatke a décrit, Oester. Bot. Zeitsch., vol.
XXIX (1879), p. 220, un *Cr. goodiæformis*, de la
Mozambique, qui s'éloigne sensiblement du *Cr.
laxa*, autant que j'en puis juger d'après la description.

Hab. — La région des Çomalis, dans les sables.

37. Crotalaria dumosa. †

Fruticulus humilis, plus minus dense appresse
sericeus, intricato-ramosus, ramis demum subspi-
nescentibus; stipulæ minimæ, ovato-lanceolatæ; folia distincte petiolata, foliolis parvulis, 3-5 mill.
longis, cuneato-obovatis; flores terminales, 2-7 ad
apicem pedunculi; bracteolæ ovatæ, breves ; pedicelli dense sericei, calice paulo longiores; calix ultra
medium 5-partitus, lobis lanceolatis acutis, superioribus alte connatis; corolla lutea, parvula, vix ultra
4 mill. longa.

Cette espèce a un peu le port du *Cr. spinosa*
et surtout du *Cr. rigida* Heyne, mais elle s'en éloigne sensiblement par tous les caractères énoncés ;
elle appartient probablement à la section des *Dis-
permæ* Benth.; je n'ai point vu ses fruits.

Hab. — La région des Çomalis, dans les sables.

38. **Crotalaria petiolaris**. †

Fruticulus levis, glaucescens, ramosissimus, ramis gracilibus, flexuosis; stipulæ nullæ; folia longissime petiolata, petiolo usque 12 cent. longo ; foliolis pro ratione petioli parvis, glabris, vel subtus in nervo parce setulosis, obovato-oblongis, intermedio lateralibus duplo longiore (20 mill.); pedunculi oppositifolii, elongati, pauciflori, floribus 3-5, laxis ; pedicelli minute bracteati ; calix pedicellum subæquans, late campanulatus, ultra medium 5-lobatus, lobis lanceolatis, acutis, inferiore sensim longiore, angustiore ; corolla lutea, magna (2 cent. longa), fusco-punctata, carinâ longe rostratâ.

Port du *Sarothamnus scoparius;* les fleurs sont semblables à celles du *Cr. laburnifolia*, mais la forme des folioles, les lobes du calice qui ne sont point acuminés, distinguent bien le *Cr. petiolaris.*

Hab. — La région des Çomalis.

39. **Crotalaria albicaulis**. †

Fruticosa, vix pedalis; rami et ramuli tenuiter albo-tomentosi; stipulæ nullæ ; petioli pollicares ; foliola oblongo-obovata, supra glabra, subtus pube tenui petiolo conspersa, sublongiora; racemi breves, densiflori, terminales ; bracteolæ minimæ, se-

taceæ mox deciduæ ; pedicelli cernui, calicem subæquantes; calix tenuissime pubescens, ad medium
usque 5-fidus, dentibus lanceolato-deltoideis, superioribus vix brevioribus ; corolla 10-12 mill. longa,
vexillo mox erecto, carinâ inferne ciliolatâ, valde
arcuatâ, obtuse rostratâ, alas multum superante;
legumen oblongum (15 mill. longum), 6-10 sper-
mum, pube tenui, crispulâ vestitum.

Le *Cr. albicaulis* se place à côté du *Cr. recta* Steud.
(*Cr. simplex* Ach. Rich.), mais il est moitié plus
petit dans toutes ses parties ; la fine pubescence
blanche qui recouvre la tige et les rameaux, la
forme obovée et non lancéolée des folioles l'en distinguent bien ; la couleur des fleurs paraît être la
même dans les deux espèces; autant qu'on en peut
juger sur le sec, la carène et l'étendard sont pourpres et les ailes jaunes dans le *Cr. albicaulis*.

Hab. — La région des Çomalis.

40. **Crotalaria argyræa.** †

Fruticosa, dense albo-sericea; stipulæ setaceæ,
persistentes; petioli foliolis obovatis longiores ; ra-
cemus terminalis, densiflorus; bracteæ setaceæ,
pilosæ, pedicellum æquantes; calicis tubus breviter
campanulatus, bibracteolatus, dentibus lanceolatis,
acutis, inferiore sensim angustiore et paulo longiore ; corolla lutea, carinâ ciliatâ, sat breviter rostratâ, rostro recto obtuso ; legumen.....

Port du *Cr. albicaulis*, mais distinct par ses fleurs jaunes, par ses grappes plus lâches et plus allongées, par ses feuilles blanches soyeuses sur les deux faces; les lobes du calice sont plus aigus et les stipules très persistantes.

Hab. — Ogda (Ouarsanguélis).

41. Indigofera Schimperi.

Jaub. et Sp. Illustr., V, tab. 88, var. *oxyphylla*.

Folia obovata vel oblonga, acuta.

Hab. — La région des Çomalis.—Vulg. *Aouaer*.

42. Tephrosia Apollinea.

D. C. Prodr., II, 254.

Hab.—Source thermale de Bio Colassa; arène de Bender Gàsem (Medjourtines). — Vulg. *Aouaer*.

43. Tephrosia simplicifolia. †

Basi fruticulosa, pilis adpressis parce sericea, ramis, virgatis; stipulæ minutæ, membranaceæ, ferrugineæ; folia simplicia, 1-2 pollicaria, lanceolato-linearia, acuta, nervis proeminentibus, parallelis; flores axillares, solitarii, vel 2-3 in pedunculo brevissimo congesti; pedicelli calicem 5-lobatum, lobis superioribus brevioribus, subæquantes; corolla parva (circiter 8 mill. longa), purpurea, vexillo extus sericeo; legumen lineare, patens, adpresse puberulum , cinereum ; stylus apice penicillatus.

Les fleurs sont disposées à l'aisselle des feuilles presque dès la base des rameaux; les feuilles ressemblent assez bien à celles du *Lathyrus Nissolia*. La plante paraît voisine du *Tephr. acaciæfolia* Wellw. in Oliv., Fl. trop. Afr., II, 106, dont les feuilles sont décrites comme étant beaucoup plus grandes et plus larges. Le *Tephr. heterophylla* Vatke, Oesterr. Bot. Zeitschr., XXVIII (1878, p. 214), s'éloigne davantage par ses feuilles dimorphes , les unes simples, les autres à 2 folioles, par ses fleurs en grappe terminale et son style glabre.

Hab. — La région des Çomalis.— Vulg. *Aouer.*

44. Vigna tenuis. †

Volubilis, glabriuscula ; caulis filiformis inferne glaber, apice tantum pube brevi reflexâ adpresse vestita ; stipulæ minutæ ; petiolus pollicaris vel paulo longior ; foliola papyracea, e basi latiore rotundata oblonga, obtusa, vel rarius obscure subtriloba, supra et subtus ad nervos pilis strigosis adpressis conspersa; pedunculi filiformes foliis paulo breviores, pauciflori, floribus 2-3, nunc fere umbellatis; bracteolæ minutæ, cito deciduæ ; pedicelli florem æquantes; calix breviter campanulatus, pilis raris, strigosis, hispidus, vix ad medium 5-dentatus dentibus deltoideis, acuminatis; legumen non vidi.

Assez voisin du *V. oblonga* Benth., dont il a les fleurs, il en diffère par la ténuité de toutes ses parties, par la forme de ses feuilles, quelquefois obs-curément trilobées, par ses pédoncules filiformes et ses pédicelles capillaires.

Hab. — Source d'Aren (Medjourtines).

45. ? **Acacia Seyal.**

Del. Fl. Eg., 142, tab. 52, fig. 2.

Hab. — Merâya (Medjourtines). — Vulg. *Goura.*

46. **Cassia holosericea.**

Fresen. in Florâ, 1839, 34.

Divisions du calice peu inégales, concaves, ova-les, arrondies au sommet, avec un petit mucron qui disparaît promptement; pétales un peu plus grands que le calice (8 mill. environ), pubescents extérieurement, obovales, brièvement onguiculés; les anthères des 2 étamines inférieures sont deux fois plus grandes que les autres; ovaire couvert d'un tomentum très serré, court; légume obliquement ovale, finement tomenteux, velouté, brun dans la jeunesse.

Les fleurs sont sensiblement plus petites que celles du *C. obovata* et du *C. acutifolia*, et les lé-gumes moins allongés, relativement à leur largeur.

Hab. — Merâya (Medjourtines). — Vulg. *Jalélo.*

LYTHRARIEÆ.

47. Ammannia attenuata.

Hochst. in Ach. Rich. Tent. Fl. Abyss., I, 268.

Hab. — Source d'Aren (Medjourtines).

CRASSULACEÆ.

48. Kalanchoe *Sp.*

Hab. — Merâya (Medjourtines).

TAMARISCINEÆ.

49. Tamarix nilotica.

Ehrenb. in herb. Berol. ex Bunge Tamarisc.,
p. 54.

Hab. — Lagunes du littoral Çomalis.

LOASEÆ.

50. Kissenia spatulata.

Rob. Brown. in Endl. gen., suppl., II, p. 76.

Hab. — Vallée du Gueldora (Ouarsanguélis).

CUCURBITACEÆ.

51. Melothria *Sp*.

Caulis gracilis decumbens vel scandens, costatus, inter costas elevato-punctatus; cirri oppositifolii, simplices vel apice bifidi; folia brevissime petiolata, punctulata, subtus pilis brevissimis asperulata, cordato-lanceolata, obtusa, caulem auriculis dilatatis, rotundatis obsolete dentatis amplectantia; flores masculi...; flores fœminei ad axillas foliorum solitarii, graciliter pedunculati, pedunculis flores æquantibus; calix 5-fidus, lobis linearibus, ciliatis, corollâ campanulatâ (12 mill. longâ) 4-plo minoribus; stylus gracilis, stigmate capitato.

Hab. — Source d'Aren (Medjourtines). — *Vulg.* *Gassengasse.*

52. Cucumis ficifolius

Ach. Rich. Fl. Abyss., I, 294, tab. 53 *bis*.

Hab. — Our Alet, près de Tigieh (Medjourtines).

RUBIACEÆ.

53. Knoxia longituba. †

(Pentanisia). Fruticulus puberulus, pilis crispulis, crustaceis; folia lanceolato-linearia, basi at-

tenuata, cinerea, infra elevato-nervata ; stipulæ ma-
jusculæ, in setas elongatas fissæ ; flores ad apicem
ramulorum congestæ ; calicis laciniæ 4, minimæ,
membranaceæ, altero maximo, foliaceo, lanceolato,
apice nunc bifido ; corolla extus pilis crustaceis
brevissimis conspersa, tubo 3-4 cent. longo, lobis
patentibus, 6 mill. longis ; ovarium pilosulum.

La forme des feuilles rappelle beaucoup celle du
Knoxia (Pentanisia) variabilis, mais la plante des
Çomalis diffère par sa pubescence, par ses stipules,
par le tubedelæ corolle au moinstrois fois plus long.

Hab. — La région des Çomalis.

54. Knoxia microphylla. †

(Pentanisia). Fruticulus, ramis vetustis glabris,
cinereis, novellis puberulis, gracilibus, virgatis ; stipulæ in setas breves fissæ ; folia parvula (10-12 cent.
longa), lanceolata, acuta, in petiolum brevem con-
tracta vel breviter attenuata, utrinque puberula ;
flores ad apicem ramorum breviter cymosi ; calicis
lobi herbacei, 4 minimis, altero 3-plo majore ; corolla vix ultra semipollicaris, extus glanduloso-
pubescens, tubo gracili, limbo patenti, lobis linearibus, 3 mill. vix longis ; ovarium pilis albis elon-
gatis hispidissimum ; fructus.....

Port du *Serissa fœtida* Comm. ; voisin par ses
caractères du *Kn. (Pentanisia) variabilis*, dont il
a les fleurs ; il en diffère par la petitesse de ses

3

feuilles, par son ovaire hérissé de longs poils étalés, par sa corolle velue et glanduleuse extérieurement.

Hab. — La région des Çomalis. — Vulg. *Berdo.*

55. Oldenlandia retrorsa.

Boiss. Fl. or. III, 12.

Hab. — La région des Çomalis.

SYNANTHEREÆ.

56. Vernonia somalensis. †

(*Cyanopsis*). Fruticulus humilis, ex toto argeneo-sericeus ; folia densa, linearia, integerrima, 10-18 mill. longa; ramuli monocephali, vel rarius bicephali, pedunculis parce bracteatis ; capitulum parvum (6-7 mill. latum) ; involucri bracteæ lineares, multiseriatæ, exterioribus apice purpurascentibus, dorso lanuginosis, albo marginatis, in mucronulum rigidulum desinentibus ; bracteæ interiores magis obtusæ, fere muticæ; corollæ purpurascentes glandulis micantibus conspersæ, omnes æqualiter profundæ 5-lobatæ, lobis angustis extus revolutis ; ovarium appresse pilosulum ; pappus multisetus, setis biseriatis exterioribus multo brevioribus, fere squamiformibus, interioribus scabrosis ; achænia 5-costata.

Plante voisine du *Vern. (Cyanopsis) hypoleuca*

Schultz, mais bien distincte par ses feuilles linéaires, ses rameaux monocéphales, etc.

Hab. — Kakadla (Medjourtines).

57. Felicia abyssinica.

C. H. Schultz in Ach. Rich., Tent. Fl. Abyss., I, p. 383.

Hab.—La région des Çomalis.

58. Bidens bipinnata.

L. Sp., 1166.

Forme dont les bractées internes de l'involucre sont très obtuses, et les fruits terminés presque tous par 2 soies seulement.

Hab. — La région des Çomalis.

59. Pluchea Serra. †

Fruticulus glaberrimus, ramosissimus; folia parvula (vix 1 cent. longa), sparsa, late obovata, apice rotundata, argute serrata, breviter petiolata; capitula ad apicem ramulorum corymbosa, pauca, minima (diam. 2-2 1/2 mill.); involucri bracteæ 4-dri seriatæ, coriaceæ, ovatæ, obtusæ, lutescentes cum nervo prominulo atro-fusco sub apice desinente, marginibus tenuissime ciliolatæ; receptaculum alveolatum, margine alveolarum elevato, oblique truncato; flores lutei, in quoque capitulo 10-12; pappi setæ crassiusculæ, rigidæ, scabræ, uniseriatæ.

Le *Pl. serra* n'a de rapports qu'avec les *Pl. indica* et *Dioscoridis*; il diffère sensiblement de l'un et de l'autre par la forme de ses bractées involucrales, par ses feuilles 3-4 fois plus petites, bordées de dents plus aiguës et plus étalées.

Hab. — La région des Çomalis.

60. Pluchea pinnatifida.

Hook. fil. Icon. pl., tab. 1156.

Hab. — Merâya (Medjourtines).

61. Pulicaria monocephala. †

(*Pterochæta*). Fruticulus glaber, ramis fasciculato-erectis; folia conferta, elongata, linearia, integerrima, obtusula; 1-1 1/2 pollicaria; pedunculi terminales, ebracteati, solitarii, monocephali, apice tenuissime et parce glandulosi; capitulum 8 mill. latum; involucri bracteæ coriaceæ, lanceolato-lineares, acutæ, glandulis raris conspersæ, lutescentes cum lineâ dorsali fuscâ; flores omnes discoidei; corollæ lobi lanceolati, acuti; achænia parce puberula; pappi setæ biseriatæ, serie externâ brevissimâ, internâ 10-chætâ, setis apice sensim dilatatis et scabris.

Les capitules ressemblent beaucoup à ceux du *P. glutinosa* Jaub. et Sp., mais ils sont un peu plus grands; le *P. monocephala* en diffère en outre par ses feuilles plus allongées, plus serrées sur les rameaux, par ses pédoncules nus, toujours solitaires et non pas couverts de bractéoles et disposés en corymbes plus ou moins composés, comme dans le *P. glutinosa.*

Hab. — Merâya (Medjourtines). — Vulg. *Hadâr.*

62. **Pulicaria petiolaris.**

Jaub. et Sp. Illustr., IV, 69, tab. 344.

Hab. — Daga Safré (Ouarsanguélis).

63. **Pulicaria adenophora.** † Tab. II.

Suffruticulus totus dense glanduloso-hispidus; folia in ramulis densa, obovata, longiter cuneato-attenuata, auriculis 2 parvis semiamplexicaulia, basi integerrima, limbo crispato, profunde et inæqualiter dentato, dentibus longe mucronatis; capitula fere 1 cent. lata, ad apicem ramulorum solitaria vel usque terna; pedunculi foliati, apice tantum subnudi, monocephali; involucri bracteæ 3-seriatæ, exterioribus herbaceis, late lanceolatis, mucronatis tenuiter glandulosis et hispidis, interioribus membranaceis, angustis, apice purpureis; flores radii ligulati, fœminei, ligula obovato-oblonga; flores disci tubulosi, hermaphroditi; ovarium obovatum, in medio constrictum, sparse pilosulum; pappus duplex, exteriore cupulato, integro vel margine irregulariter fisso, interiore 18-20-chæto, setis subbarbellatis et apice clavatis; fructus obovatus, obtuse costatus, pilosulus, sub medio incrassatus.

Espèce bien caractérisée par la forme de son aigrette extérieure qui forme une coupe profonde, entière ou un peu fendue sur les bords; l'étranglement de l'ovaire, vers le milieu, paraît être un caractère constant; la pubescence est formée de glandes très courtes, jaunes, brillantes, et de poils allongés, étalés, renflés à la base, abondants sur la tige, les bords des feuilles et en dessous sur les nervures. M. Vatke a décrit, Œsterr. bot. Zeitz, p. 327 (1875), un *P. Kurtziana*, qui parait voisin du *P. adenophora*, mais auquel il attribue des feuilles oblongues linéaires, une aigrette externe campanulée, incisée denticulée, à lobes aigus, une aigrette interne formée seulement de 8 soies, caractères qui ne conviennent point à la plante décrite ici. Le *P. Hildebrandtii* Vatke, dont l'aigrette intérieure est formée de 20 soies, a l'aigrette externe formée de soies courtes qui ne sont point réunies en coupe campanulée.

Hab. — Vallée du Gueldora (Ouarsanguélis). — Vulg. *Hadâr*.

64. Pulicaria argyrophylla. †

Fruticulosa, ramosa; tota pilis sericeis appressis albo-tomentosa; folia longe petiolata, limbo orbiculato vel late obovato, crenulato-dentato, basi attenuato; pedunculi solitarii, terminales, subnudi, monocephali; capitula fere 2 cent. lata; involucri bracteæ multiseriatæ, lineares, acutæ, exterioribus

albo-lanatis, interioribus glabris; flores radii fœminei, ligulati, ligulâ anguste oblongâ; achænium
glabrescens; pappus duplex, exterior cupulatus,
apice laceratus; setæ interiores 10, complanatæ,
scabræ, apice dilatatæ.

Port du *Senecio uniflorus*, L.

Hab. — La région des Çomalis. — Vulg. *Hadâr*.

65. Kleinia pendula.

D. C., Prod., VI, 339.

Hab. — Vallée du Tigieh (Medjourtines).

66. Tripteris Vaillantii.

Decaisne, Ann. Sc. nat. (1834), p. 260.

Hab. — Région des Çomalis.

67. Lactuca massaviensis.

C.-H. Schultz in Ach. Rich., Tent. Fl. Abyss., I,
460.

Hab. — Région des Çomalis.

ASCLEPIADEÆ.

68. Gomphocarpus fruticosus.

Rob. Br., Wern. Sec. I, p. 38.

Hab. — Aïrensit (Ouarsanguélis).

69. **Glossonema Revoili**. † Tab. III.

Suffrutex humilis vel herba indurata, tota pilis brevibus canescens ; caulis ramosus, flexuosus; folia subopposita, petiolata, ovata, apice rotundata vel acuta, basi obtusa, vel truncata, vel subemarginata; pedunculi axillares, breves, vel subnulli; pedicelli valde inæquales, 5-9 umbellati, bracteolis minutis subulatis fulti; calix profunde 5-fidus, lobis lanceolatis, acutis, ad sinum biglandulosus, corollâ duplo brevior; corolla explanata (4 mill. lata), lobis ovatis, mox subreflexis, extus pubescentibus intus sub apice incrassatis ; lobi coronæ 5, ad medium tubi affixi, lanceolato-subulati, in gynostemium incurvati et illo arcte contigui, corollâ paulo breviores et sinubus oppositi; gynostemium stipitatum ; membrana staminum albida, linguæformis ; massæ pollinicæ 10, sub apice pendulæ ; discus stigmatiferus explanatus, 5-angulatus ; fructum non vidi.

Espèce très distincte parmi les *Glossonema*, mais dont l'attribution générique reste douteuse en l'absence de fruits. Les lobes de la couronne sont alternes avec les lobes de la corolle et insérés un peu au-dessous des sinus, caractères attribués au *Parapodium*, mais qui existent aussi certainement chez les *Glossonema*; les deux genres devront probablement être réunis.

Hab. — Tigieh (Medjourtines). — Vulg. *Saska*.

PEDALINEÆ.

70. Pterodiscus speciosus.

Hook., Bot. Mag., t. 4117.

Hab. — Tigieh (Medjourtines).

CONVOLVULACEÆ.

71. Ipomæa obscura.

Ker, Botan. Regist., III, 239.

Hab. — La région des Çomalis.

72. Ipomæa Pes capræ.

Sw., Hort. sub., éd. 2, p. 289.

Hab. — Tohen, cap Gardafui (Medjourtines).

73. Convolvulus capituliferus. †

E basi fruticulosâ multicaulis, caulibus prostratis, hispidis; folia parva, breviter petiolata, utrinque sericea; ramuli floriferi abbreviati, secundi, fere ex imâ basi ad apicem caulis orti, foliati; flores parvi, congesti; sepala inæqualia, lanceolato-acuta, longe et appresse pilosa; corolla 5-6 mill. longa,

infundibuliformis, extus sparse pilosa, calicem parum superans; stylus bifidus; ovarium biloculare,
2-4 ovulatum, semina in loculo sæpius solitaria,
puberula.

α. Filiformis. — Caules tenues, prostrati, parce
et adpresse puberuli; folia late obovata vel fere
rotundata.

β. *Suberectus.* — Caules ascendentes, paulo
crassiores, patentim hispidi; folia lanceolata, subacuta.

Espèce voisine du *C. microphyllus* Sieb.; elle
en diffère surtout par ses corolles plus petites, ses
sépales plus inégaux, dont 3 sensiblement plus
larges, par sa pubescence blanchâtre et non pas
rousse.

Hab. — La région des Çomalis. — Vulg. *Arik.*

74. **Convolvulus microphyllus.**

Sieber, exsicc. ex Boiss., Fl. Or., IV, p. 103, forma
glabrescens.

Diffère du type par sa pubescence plus rare, plus
courte, semblable à celle du *C. deserti* Hochst. et
Steud.; les pédoncules ou rameaux floraux sont
tantôt très courts, tantôt assez développés, sans être
aussi longs que ceux du *C. deserti*, dont les fleurs
sont aussi une fois plus grandes, mais qui ne doit
probablement pas être spécifiquement distingué.

Hab. — La région des Çomalis.

75. Convolvulus somalensis. †

Scoparius, ramis virgatis, apice pube albidâ seri-
ceâ adpresse vestitis; folia inferiora. . ., superiora
squamiformia, subulata; ramuli floriferi breves, minute bracteolati; flores ad apicem ramulorum 1-4,
breviter pedicellati, pedicello calicem vix æquante;
sepala cartilaginea, late ovata, parce pilosa, apice
obtuso roseo-colorata; corollæ limbus late expan-
sus, roseus; ovarium sericeum.

Ressemble beaucoup au *C. chondrilloides*
Boiss.; il en diffère par ses rameaux blancs, soyeux
au sommet, et non pas tout à fait glabres, par ses
pédoncules très raccourcis.

Hab. — La région des Çomalis.

76. Evolvulus linifolius.

L. Sp., 392.

Hab. — La région des Çomalis.

77. Breweria hispida. †

(*Seddera*). Fruticulus, ramuli pube brevi et pilis longioribus, patentibus, vestiti; folia breviter petiolata, limbo late ovato, basi et apice rotundato,
dense pubescente; pedunculi axillares, solitarii, pi-
losi, foliis 2-3-plo longiores, secundi, apice bibracteolati; sepala ovata, abrupte mucronulata, dense

et breviter hispida; corolla (in sicco) albida, calice duplo longior , limbi explanati lobis apice pilosulis ; stigmata capitata.

Voisin des *Breweria* (Seddera) *Bottæ* et *Br. secundiflora* Jaub. et Sp., il en diffère par sa pubescence hispide et la forme arrondie de ses feuilles beaucoup plus courtes que les pédicelles.

Hab. — La région des Çomalis.

BORRAGINEÆ.

78. Lobostemon somalensis. †

Basi suffruticosus, parum ramosus, glaber, glaucescens; folia sparsa, parva, vix 1 cent. longa, lanceolato-ovata, obtusa, in margine et totâ facie superiore verrucis elevatis, mox muticis, conspersa ; flores racemosi, laxi, ad axillam bracteæ solitarii, brevissime pedunculati ; calicis lobi inæquales, obtusi, 2 minores, lineares; corollæ (in sicco pallide luteæ) tubus angustus calice duplo longior, limbo oblique truncato; stamina inclusa ; nuculæ trigonæ, acutæ, tuberculatæ, tuberculis acutis juxta seriem triplicem elevatis.

Voisin du *L. glabrum,* il s'en distingue facilement par ses feuilles plus courtes, plus obtuses, couvertes en dessus, sur toute la surface, de verrues d'abord surmontées par une soie, par ses étamines incluses; la corolle ne dépasse pas 12 mill.

Hab. — La région des Çomalis.

MONIMANTHA. Sect. du genre HELIOTROPIUM.

Style allongé, saillant en dehors de la corolle ; celle-ci persistant longtemps sans changer de forme, à limbe ondulé-plissé. (De μόνιμος qui dure long-temps, et ἄνθος fleur.)

79. **Heliotropium stylosum.** † Tab. IV.

(Monimantha). Annuum (?), pilis strigosis paten-tibus hispidum; folia lanceolata, in petiolum atte-nuata, superiora linearia ; racemi elongati, flori-bus laxis subsessilibus, ebracteatis, secundis, ho-rizontaliter patentibus; calix fere ad basin usque partitus, laciniis linearibus; corollæ tubus pilosu-lus, calicem subæquans; limbus explanatus, brevi-ter 5-lobatus cum lobulo obtuso interjecto, lobis margine crispulis; faux corollæ nuda; stamina ad basin tubi inserta ; stylus terminalis, supra basin abrupte dilatatus, depresso-bulbosus, exinde fili-formis, elongatus, exsertus, ad tertiam partem bi-fidus ; nuculæ 4, tarde secedentes.

Espèce bien distincte par la forme et la longueur de son style et la persistance de sa corolle.

Hab. — Merâya (Medjourtines). — Vulg. *Fodadé.*

80. **Heliotropium cressoides**. †

(*Agoræa*). Annuum, e basi ramosum, ramis de-
cumbentibus, ex toto pilis strigosis cinereo-hispi-
dum; folia parva (4-10 mill. longa), anguste lanceolata, obtusa, sessilia; racemi fere e basi ramorum
orti, breves, quasi capitati; flores minimi, albi,
ebracteati; calicis lobi obtusi; corollæ tubus pilosulus, lobis rotundatis; stylus brevissimus, stigmate
glabro, pileiformi, e basi latiore attenuato, obtuso;
nuculæ 4, serius partibiles, glabræ, granulatæ. —
Calix diutius persistens, immutatus.

La plante ressemble assez à l'*H. aleppicum*
Boiss.; le stigmate a la même forme dans les deux
espèces, mais celui de l'*H. cressoides* est glabre,
ses fleurs sont toutes dépourvues de bractées, les
cymes très courtes, etc.

Hab. — La région des Çomalis. — Vulg. *Kahot.*

81. **Sericostoma albidum**. †

Fruticulus e basi ramosus, totus setulis appressis
et rarioribus subpatentibus densissime vestitus; folia
ad ramulos densa, erecta, fere appressa, marginibus
revolutis linearia, integerrima; flores breviter racemosi, subsessiles, bracteati; calix 5-partitus; corolla parvula, tubo calicem subæquante ad faucem
esquamato, subnudo, limbo patente, intus et apice
piloso; stamina medio tubi affixa, filamentis anthe-

ras circiter æquantibns; stylus simplex, stigmate
breviter bilobo; nuculæ 4, ovoideo-triangulares,
erectæ, areolâ planâ, oblongâ, lateraliter affixæ.

Les nucules sont tout à fait semblables à celles
du *Sericostoma* (Lithospermum) *Kotschyi* Boiss.,
mais l'aspect des deux plantes est assez différent.
Dans celle de M. Boissier, les feuilles sont très
écartées, relativement fort courtes, étalées et recourbées, comme squarreuses; les fleurs forment
des grappes lâches; dans le *S. albidum,* les fleurs
sont en grappes courtes et serrées; les feuilles sont
très rapprochées et dressées sur les rameaux.

Hab. — La région des Çomalis.

82. Trichodesma calathiforme.

Hochst., in Florâ (1844), p. 29. *Streblanthera tri-
chodesmoides* Steud., in Ach. Rich. Tent. Fl.
Abyss., II, 92.

Hab. — Ouadi Sélid (Ouarsanguélis).

SOLANEÆ.

83. Solanum somalense. †

Fruticosum, inerme, ramosissimum, ramis vetustis glabris, violaceis, novellis inferne albido-
crustaceis, superne stellato tomentosis; folia petiolata, oblonga et obovata, basi breviter attenuata, in

utrâque facie pilis stellatis minutis conspersa ;
flores terminales, corymbosi; calix ad medium
usque 5-lobatus, lobis lanceolato-linearibus; corolla
(in sicco violacea, aperto-campanulata) ultra medium partita, diam. vix 15 mill.; stamina inæqualia, altero majore (7-8 mill. longo), declinato, alte-
ris erectis (vix 4-5 mill. longis); stylus elongatus,
arcuato-declinatus.

Port du *S. bonariense*, mais déjà différent par
ses rameaux blanchâtres-écailleux inférieurement,
tomenteux dans le haut, par la pubescence étoilée
de ses feuilles, par ses anthères dimorphes et son
style beaucoup plus allongé. En l'absence de fruits,
la place de cette espèce ne peut être assignée avec
certitude.

Hab. — La région des Çomalis. — *Vulg. Dassak.*

84. Solanum piperiferum.

Ach. Rich. Tent. Fl. Abyss., II, p. 106.

Hab. — Tigieh (Medjourtines). — *Vulg. Adouro.*

85. Datura Metel.

L. Sp., 256.

Hab. — La région des Çomalis.

86. Hyoscyamus grandiflorus. †

(*Datora*). Tripedalis vel minor; totus breviter

glanduloso-pubescens; folia infima longiter petiolata, limbo subrotundo, basi late subcordato vel truncato, inæqualiter sinuato-dentato, in nervis tantum pubescente; folia superiora ovata, breviter petiolata, sinuata vel repanda; bracteæ parvæ, integræ; pedunculi inferiores pollicares, superiores multo breviores; calix 3 cent. longus, turbinato-tubulosu₃, inæqualiter 5-dentatus, dentibus deltoideis; corolla bipollicaris et ultra, limbo amplo.

Très voisin de l'*H. muticus* et surtout de sa variété *Boveana* (*Scopolia Boveana* Dunal), il en diffère surtout par la forme orbiculaire du limbe des feuilles inférieures et par sa corolle qui atteint 7 à 8 cent.

Hab. — Vallée de Gueldora, derrière Lasgoré (Ouarsanguélis).

VERBENACEÆ.

87. Lantana Petitiana.

Ach. Rich. Tent. Fl. Abyss., II, 169.

Hab. — La région des Çomalis.

88. Lantana microphylla. †

Fruticulus; rami cinerei, juniores elevato-punctati; folia petiolata, petiolo 4-5 mill., limbo 5-10 mill. longo, late ovato vel suborbiculato, parce crenato,

4

utrinque breviter piloso, rugoso ; capitula parva, brevissime pedunculata, bracteis late ovatis vel sub-orbicularibus , ciliatis , involucrata et per inflores-centiam immutata ; calix brevissimus, lobis mem-branaceis, orbiculatis, ciliatis ; corollæ tubus calice 6-plo longior, puberulus, in medio turgidulus.

Le *L. microphylla* se place à côté du *L. Peti-tiana;* il en diffère par ses capitules très briève-ment pédonculés, de la grosseur d'un petit pois, et par la forme arrondie de son limbe foliaire.

Hab. — La région des Çomalis.

89. Verbena officinalis.

L. Sp., p. 29.

Hab. — La région des Çomalis.

90. Priva abyssinica.

Jaub. et Spach. Illust., pl. Or., V., tab. 353, 354.

Hab. — La région des Çomalis.

ACANTHACEÆ.

91. Crossandra infundibuliformis.

Nees ab. Es. in Wall. pl. As. rar., III, 98, var. *bra-chystachys.*

Folia 4-nata et opposita, ovata; pedunculi pube

brevi, crispatâ conspersi, foliis longiores ; spicæ densifloræ, ovatæ vel oblongæ ; bractæ obovatæ, glandulis luteis conspersæ, elevato-nervosæ ; flores coccinei.

Diffère des formes indiennes de cette plante très variable, par ses feuilles largement ovales, plus petites, par ses épis floraux plus courts et dont les bractées sont bordées de cils moins longs et moins nombreux.

Hab. — Plateau d'Abal-Ichaoulé (Ouarsanguélis).

92. **Crossandra** *Sp.*

Hab. — La région des Çomalis.

93. **Barleria somalensis.** †

Fruticulosa, pube brevi crispulâ et pilis strigosis asperata; folia longiter petiolata, ovata, utrinque strigoso-pubescentia ; racemi terminales, laxiflori, bracteis brevissime petiolulatis, lanceolatis, pilosis et ciliatis, tubum corollæ circiter æquantibus; bracteolæ oblongo - lanceolatæ, acuminatæ, membranaceæ, pallidæ, bracteâ paulo minores; sepala linearia ; corolla extus brevissime puberula, tubo cylindrico, fauce non ampliato, limbum explanatum subæqualem superante; capsula oblonga, acuta, glandulis minutis conspersa.

Assez voisin du *B. ventricosa* et du *Barleria*

obtusa; il diffère du premier par la forme de sa corolle, par ses feuilles plus longuement pétiolées ; du *B. obtusa,* par ses bractéoles aiguës, par sa corolle dont le tube est plus large, le limbe non réticulé.

Hab. — La région des Çomalis.

94. **Barleria acanthoides.**

Vahl. Symb., 1, p. 47.

Hab. — Tigieh (Medjourtines).

95. **Barleria trispinosa.**

Vahl. Symb., 1, p. 46.

Hab. — La région des Çomalis.—Vulg. *Cotten-head.*

96. **Barleria** *Sp.*

Fruticulus ramosissimus, ramis intricatis, argenteo-lepidotis ; folia petiolata, limbo late obovato vel suborbiculato, 1 cent. longo, in utrâque facie lepidoto; spinæ axillares, graciles pinnatim divisæ, spinulis acicularibus ; florem unicum, sat incompletum, vidi: corolla fere *B. trispinosæ,* sed minor, extus pubescens.

Port du *B. trispinosa,* mais feuilles plus longuement pétiolées (pétiole long de 1 cent. environ), toutes blanches, écailleuses ; épines axillaires pinnées, et non pas simples.

Hab. — La région des Çomalis. — Vulg. *Roda.*

97. Acanthodium spicatum.

Del fl. Eg. 97, tab. 23, fig. 3.

Hab. — Sources d'Aren (Medjourtines). — Vulg. *Yémaroug.*

98. Blepharis boerhaviæfolia.

Juss. ex Nees in D. C., Prodr., XI, 266.

Hab. — La région des Çomalis.

99. Justicia somalensis. †

Basi fruticulosa, ramis tenuibus, breviter et crispule pubescentibus; folia breviter petiolata, obovato-oblonga vel obovata, obtusa, parce et adpresse puberula ; racemi laxi, floribus inter bracteas 2 late ovatas vel suborbiculatas, submembranaceas, fere sessiles, ciliatas, solitariis; bracteolæ subulatæ; calix fere ad basin usque 5-partitus, laciniis linearibus; corolla parvula (6-8 mill. longa), purpurea, extus pubescens, tubo calicem non excedente; limbus distincte bilabiatus, labio superiore bidentato, angusto, inferiore expanso ; stamina 2, antherarum loculo inferiori longe appendiculato; capsula clavata, pubescens, loculis biovulatis; semina orbiculata, plana.

Espèce assez ambiguë, mais que ses anthères

longuement appendiculées doivent faire ranger parmi les *Justicia;* ses petites fleurs la rapprochent des *Rostellularia;* elles sont cachées entre 2 bractées étroitement apprimées, comme dans les *Diclyptera.*

Hab. — Manâ (Ouarsanguélis).

100. **Rostellularia procumbens**.

Nees ab Es. in Wall. Pl. As. rar., III, 101.

Hab. — La région des Çomalis.

101. **Hypœstes Forskalii**.

Rob. Br. Prodr., Fl. Nov. Holl. I, 474, var. *canescens.*

A typo differt tantum pubescentiâ densâ, brevi, cinereâ et floribus magis congestis.

Hab.—La région des Çomalis.—Vulg. *Gormié.*

SCROPHULARIACEÆ.

102. **Anticharis arabica**.

Endl. Nov. stirp. décad., p. 23.

Hab. — La région des Çomalis.

103. **Anticharis glandulosa**.

Aschers. Monatsb. akad. Wiss. Berl. (1866), p. 879.

Hab. — La région des Çomalis.

104. Linaria stenantha. †

Basi fruticulosa humilis, ramosissima, glabra; rami graciles, dense foliati, foliis petiolatis, oblongis, obtusis, basi attenuatis, integerrimis (minime hastatis); flores longe pedicellati, pedicellis filiformibus; corolla angusta (adjecto calcare) 10 mill. longa, pubescens, calcare elongato, recto, subulato; capsula...

Paraît appartenir au groupe des *Elatinoides;* son aspect rappelle assez celui du *L. Ægyptiaca,* mais aucune des feuilles, même des supérieures, n'est hastée, ni même dilatée à la base. Serait-ce *L. somalensis,* Vatke Linnæa, XLIII, p. 305, dont l'auteur ne décrit pas la fleur?

Hab. — La région des Çomalis.

105. Linaria indecora. †

Humilis, glabra, ramis gracilibus; folia, etiam inferiora, anguste linearia; pedicelli filiformes sat elongati; flores minuti, glabri, vix 4 mill. longi, adjecto calcare crassiusculo, recto, acuto, breviusculo; capsula.....

Appartient au même groupe que l'espèce précédente, dont elle diffère par ses feuilles étroitement linéaires et son éperon court.

Hab. — La région des Çomalis.

106. Schweinfurthia pterosperma.

Al. Braun in Monatsb. Akad. Wiss. Berl. (1866),
p. 872, cum Icon.

Hab. — La région des Çomalis.

107. Lindenbergia sinaïca.

Benth. Scroph. ind., p. 22.

Forme à rameaux très grêles, à feuilles petites,
dont le limbe, presque arrondi, atteint à peine
1 cent.

Hab. — La région des Çomalis.

108. Lindenbergia abyssinica.

Hochst. ex Benth. in D. C., Prodr., X, p. 377.

Hab. — La région des Çomalis.

109. Torenia plantaginea.

Benth. in D. C., Prodr., X, p. 411.

Hab. — Aïrensit (Ouarsanguélis).

LABIATÆ.

110. Plectranthus paucicrenatus. †

(*Coleoides*). Herbaceus, breviter albo-pilosus;

rami ascendentes, apice ramulosi; folia petiolata, limbo subrotundato, basi truncato, vel late emarginato, grosse inciso-crenato (crenis utrinque 2-3), laxe lanato-piloso, subtus albido; racemi paniculati; verticillastra laxa; bracteæ.... mox deciduæ; calix minute puberulus, fructifer deflexus pedicellum subæquans; corolla (1 cent. longa) calice vix duplo longior, puberula.

Voisin du *Pl. Madagascariensis* et du *Pl. hirtus*, il diffère de l'un et de l'autre par ses feuilles qui présentent de chaque côté du limbe seulement 2 ou 3 grosses crénelures.

Hab. — La région des Çomalis. — Vulg. *Hardané.*

111. Lasiocorys hyssopifolia. †

Fruticosa, pube brevi densâ canescens, ramosissima, ramis erectis, simplicibus; folia fasciculata, oblongo-linearia, integerrima, obtusa; verticillastra fere e medio ramorum orta, axillaria, subsessilia, pauciflora; bracteolæ minutæ; flores brevissime pedicellati; calix 5-dentatus, valde oblique truncatus; corolla calice subduplo longior, labio superiore pilis albis extus dense lanato.

Espèce bien caractérisée par ses feuilles fasciculées, très étroites; elle est surtout voisine du *L. Abyssinica* Benth., dont les feuilles sont plus larges, ordinairement dentées au sommet, presque vertes.

Hab.—La région des Çomalis.—Vulg. *Guérad.*

112. Teucrium *Sp.*

Espèce très voisine des formes à feuilles élargies du *T. Polium* L.; je n'ai pas vu les fleurs.

Hab. — La région des Çomalis. — Vulg. *Ouaronache.*

PLUMBAGINEÆ.

113. Statice cylindrifolia.

Forsk., Fl. Æg. Arab., p. 59.

Hab. — Le littoral de la région des Çomalis. — Vulg. *Gambayot.*

114. Ceratostigma abyssinica.

Valoradia Abyssinica Hochst., Fl. (1842), II, 239.

Hab. — La région des Çomalis.

AMARANTACEÆ.

115. Ærva javanica.

Juss., Ann. Mus., 11, p. 131.

Hab. — La région des Çomalis. — Vulg. *Sona* ou *Soné.*

116. Pupalia lappacea.

Moq. in D. C., Prodr., XIII, sect. post. 331.

Hab. — La région des Çomalis. — Vulg. *Mara-kondu.*

SALSOLACEÆ.

PLEUROPTERANTHA. Gen. nov.

Flores hermaphroditi, cymoso-racemosi (abortu racemosi), bracteati et bibracteolati ; perianthium 5-phyllum, phyllis 2 exterioribus paulo majoribus ovatis, concavis, 3 interioribus membranaceis, planis, obovatis ; stamina 5, hypogyna, basi in annulum brevem conjuncta ; antheræ latæ, mediofixæ, introrsæ ; ovarium obovatum, ovulo leviter campylotropo ; stylus brevis, stigmate crasso, bifido ; utriculus ovatus, apice emarginatus, alis 2 parallelis amplis, eleganter reticulatis, orbiculatis, stricte cinctus ; semen verticale ; embryo gracilis, annularis, albumine copioso. — Herba indurata glabra, divaricate ramosa, ramis attenuatis, subnudis ; folia linearia elongata ; flores minimi, ad apicem ramorum quasi spicati, sed revera cymosi, floribus 2 lateralibus constanter abortivis, intermedio normali, sessili ; bractea et bracteolæ minutæ, deltoideo-concavæ ; perianthii phylla 3 interiora plana, tenuiter membra-

nacea, apice erosula, 2 exterioribus herbaceis, mar
gine tenuissime ciliatis ; stamina perianthium vix
æquantia. (De πλευρόν côté, πτερόν aile, ἀνθός fleur.)

D'après les observations de M. H. Baillon, l'inflorescence de cette plante est formée de cymes triflo-
res, presque sessiles, qui naissent à l'aisselle d'une
bractée ; le développement de la fleur terminale,
dans chaque cyme, est seul normal ; celui des deux
fleurs latérales s'arrête ou plutôt se modifie de bonne
heure et, au lieu du périanthe, c'est une aile qui ap-
parait à l'aisselle de chacune des bractéoles, s'accroît
rapidement et entoure étroitement le fruit à la maturité. Le genre est voisin des *Kochia*.

117. **Pleuropterantha Revoili.** † Tab. V.

Hab. — La région des Çomalis; Tigieh (Medjourtines).

118. **Salsola rubescens.** †

(*Caroxylon*). Fruticulus ramosissimus, totus brevissime sericeo-incanus, ramis articulatis ; folia al-
terna, brevia (3-4 mill. longa), crassa, obtusa, pa-
tentia, supra excavata ; bracteæ foliis simillimæ et
vix minores ; flores solitarii, in cavitate bractearum
nidulantes, ad apicem ramorum capitato-congesti,
perianthium chartaceum, 5-partitum, segmentis obovatis, apice pilosulo conniventibus, ad maturitatem
rubescentibus, medio dorso late alatis, alâ rotundatâ,

coriaceâ, segmentis 3 exterioribus fere triplo majoribus ; stamina 5,libera ; stylus ad medium bifidus ;
discus parvus, breviter lobatus, lobis rotundatis ;
utriculus depressus.

Port du *Càroxylon Zeyheri* Moq., mais la plante
est toute couverte d'une pubescence fine, soyeuse,
apprimée, et non pas poilue ; l'aile se développe au
milieu et non pas à la base des lobes du périanthe ;
vers la maturité les fleurs sont d'un beau rouge.

Hab. — Bender Gàsem (Medjourtines). — Vulg.
Arkado.

NYCTAGINEÆ.

119. Boerhavia diffusa.

L. Sp. 4, var. *α obtusifolia*, Moq., in D. C., Prodr.,
XIII, sect. post., p. 453.

Hab. — La région des Çomalis.

120. Boerhavia repens.

L. Sp., 5.

Hab. — La région des Çomalis.

121. Boerhavia verticillata.

Poir., Dict., V, 56.

Hab. — La région des Çomalis. — Vulg. *Ramak-Rinché.*

122. Boerhavia verticillata.

Poir., loc. cit., var. *glandulosa.*

Tota pilis densis brevibus, crispulis et pube glandulosâ vestita.

Hab. — La région des Çomalis.

THYMELÆACEÆ.

123. Arthrosolen somalens. † Tab. VI.

Fruticulus humilis, ramulis rigidis, angulosis, inferne glabris, sub capitulis adpresse pubescentibus; folia sparsa, lineari-lanceolata, crassiuscula, nervo medio subtus proeminente; capitula multiflora, involucro 7-8 bracteato, bracteis lanceolatis, acutis, extus sericeis, floribus brevioribus; perianthium aureum, extus albo sericeum, 5-lobatum, lobis ovatis; tubus ad faucem nudus, supra basin contractus, mox ruptus, parte inferiore circa ovarium persistente, pilis longis erectis vestitâ; stamina 10, biseriatis; stylus nunc stamina æquans, nunc illis brevior.

Hab. — Ouanentab, plateau de Yaffar (Ouarsanguélis).

ARISTOLOCHIEÆ.

124. **Aristolochia rigida.**

Duchartre in D. C., Prodr., XV, sect. prior., p. 495.

La colonne des styles est terminée par 6 lobes dressés, comme dans tous les *Diplolobus ;* la plante type de Boivin en est également pourvue; la section *Acerostyles* ne peut donc être maintenue. L'étiquette originale de Boivin, qui accompagne ses échantillons dans l'herbier du Muséum, porte cette mention d'origine que n'a point reproduite M. Duchartre : *in ore somalensi.*

Hab. — Lit du Carin Ossé (Ouarsanguélis). — *Vulg. Oues.*

LORANTACEÆ.

125. **Loranthus** *Sp.*

Hab. — Puits de Meråya (Medjourtines).

126. **Loranthus** *Sp.*

Hab. — Vallée de Modié (Medjourtines).

EUPHORBIACEÆ.

127. **Euphorbia longetuberculosa.**

Hochst. in Sch. pl. Abyss. ex Boiss., in D. C., Prodr., XV., sect. post., p. 85.

Hab. — Le littoral de la région des Çomalis.

128. Euphorbia systyla.

Edgw. Journ., Soc. Beng., XVI, p. 1218.

Hab. — La région des Çomalis. — Vulg. *Soul.*

129. Dalechampia cordofana.

Hochst. in Rich. Tent. Fl. Abyss., II, 244, var, *palmata.*

Folia ad basin usque 5-partita, lobis angustis, lanceolatis vel fere linearibus, remote dentatis; floris masculi involucrum saltem ad medium usque trifidum, lobis linearibus, argute dentatis, ciliatis. Folia iis *Dal. Capensis* similia, sed foliola multo angustiora, magis acuta et involucrum duplo minus.

Hab. — La région des Çomalis.

130. Tragia cannabina.

L. Suppl., p. 415.

Hab. — Vallée de Modié (Medjourtines).— Vulg. *Goubtinïo.*

131. Crozophora oblongifolia.

A.Juss. Tent. Euph., p. 28.

Hab. — La région des Çomalis.

URTICACEÆ.

132. Forsköhlea viridis.

Ehrenb. in Hort. bot. Berol., ex Desf. hort. par.,
ed. 3, p. 347.

Hab. — Sources d'Aren (Medjourtines).

MONOCOTYLEDONES.

AMARYLLIDEÆ.

133. Crinum abyssinicum.

Hochst. in Rich. Tent. Fl. Abyss., II, 311.

Hab. — Tigieh (Medjourtines).

LILIACEÆ.

134. Scilla *Sp.*

Voisin du *Sc. micrantha* Ach. Rich.; les pédicelles sont moitié plus courts.

Hab. — Le littoral des Çomalis.

5

135. Littonia Revoili. †

Caulis scaberulus, semi-vel pedalis, inferne bracteâ longe vaginante cinctus ; folia caulina, densa,
sparsa vel subverticillata, linearia vel anguste lanceolata, acutissima, nunc uncinata, in utrâque pa-
ginâ breviter scabrato-pilosa ; flores axillares, ad
apicem caulis approximati, nunc quasi verticillati
terminales, longe pedunculati, suberecti ; perianthium luteum, subregulare, anguste campanulatum,
ad basin fere usque partitum, brevissime gamophyl-
lum, phyllis anguste oblongis, e medio ad basin
angustatis, quasi unguiculatis, subsaccatis ; nectarium lineare, secus totum unguem phyllorum pro-
ductum ; stamina 6, perianthio paulo breviora; ovarium oblongum breviter stipitatum; stylus erectus,
ad medium usque tripartitus.

Le port de la plante est très différent de la seule
espèce connue du genre, *Littonia modesta* Hook.,
et rappelle mieux certains *Fritillaria* du groupe
des *Verticillata*, mais les caractères sont ceux du
Littonia ; les anthères extrorses sont insérées sous
le milieu et non à la base dans le *L. Revoili*, comme
dans le *L. modesta*, contrairement à la description
et à la figure données dans le *Botanical Magazine*,
tab. 4723.

Hab. — Vallée de Barroz (Medjourtines) — Vulg.
Dérodilé.

136. **Gloriosa abyssinica.**

Ach. Rich. Tent. Fl. Abyss., II, 322, var. *graminifolia*.

Feuilles graminiformes ; lobes du périanthe étroitement linéaire oblong, large seulement de 3 à 5 mill. Plante d'un aspect très différent du type, mais qui paraît s'y rattacher par des intermédiaires; les pétales sont pourpres et se maintiennent assez longtemps dressés ; les feuilles ne sont point atténuées à la base. La culture pourra décider si la variété proposée ici doit constituer une espèce distincte ; malgré ses dimensions au moins moitié moindres que celles des autres espèces, le *Gl. Abyssinica*, var. *angustifolia*, est la plus élégante du genre.

Hab. — Pic de Karoma (Medjourtines). — Vulg. *Tamaior.*

137. **Helcocharis** *Sp.*

Hab. — Sources du Dadaballo (Medjourtines). — Vulg. *Ferouén.*

138. **Tristachya somalensis.** †

Planta glauca, pedalis vel sesquipedalis ; culmi leves, ad nodos hirti ; vaginæ pilis patentibus molliter pilosæ, ad oram lanuginosæ ; ligula subnulla ; foliorum limbus rigidus, in utrâque facie breviter

pubescens, marginibus incrassatis, scabris; panicula angusta, ramis tenuibus, inferioribus plus minus patentibus, ad basin uno alterove ramulo auc-
tis, superioribus arrectis; pedunculi capillares, spi-
culis (exclusâ aristâ) duplo longioribus; spiculæ ter-
natæ, bifloræ, circiter 7 mill. longæ, plus minus
violascentes, glabriusculæ; glumæ inæquales, tri-
nervæ, apice obtusæ et ciliolatæ, exteriore dimidio
breviore, ovato-lanceolatâ, extus basi parce et minute puberulâ; flos inferior masculus, sessilis; glumella exterior lanceolata, 5-nervata, apice eroso-
ciliata; glumella interior sensim brevior, tenuiter
membranacea, enervis, apice truncata, marginibus
brevissime ciliolata; flos superior hermaphroditus,
pedicellatus, inferne pilosus; glumella exterior
membranacea, marginibus pilosis convoluta, 5-ner-
vata, profunde bifida, lobis lanceolato-subulatis,
dorso inter lobos aristata, aristâ semipollicari, basi
tortâ; glumella interior, tenuissime membranacea,
oblonga, obtusa.

α *Laxa.*— Folia in culmis distantibus, limbo pol-
licari, vel paulo majore.

β *Disticha.*— Folia in culmis dense approximata,
disticha, rigida, subpungentia, sub angulo recto pa-
tentia, sæpius complicata, vix 2 cent. longa.

Espèce bien distincte de toutes ses congénères
par ses feuilles dont le limbe est toujours très court,
étalé; par sa panicule composée à la base, par ses
fleurs glabres, trois fois plus petites. La variété
β *disticha* offre un port tout particulier à cause de

la disposition de ses feuilles; mais ses fleurs sont identiques avec celles de la variété *α laxa*.

Hab. — Karin Ossé (Medjourtines).

139. Andropogon circinatus.

Hochst. ex Steud. Glum., I, 387.

Hab. — La région des Çomalis,

ACOTYLEDONES.

FILICES.

140. Cheilanthes fragrans.

Hook. Sp. fil., II, 81.

Forme à segments primaires élargis, ovales.
Hab. — Monts de Merâya (Medjourtines).

141. Pteris radiata.

Mett. Fil. h. Lips. (1856), p. 54, tab. 15, 6.

Hab. — Pic de Ouncho (Medjourtines).

LYCOPODIACEÆ.

142. Selaginella imbricata.

Spring in Decne Pl. de l'Arab. heur. (Arch. du
mus., II, 193, tab. 7).

Hab. — Pic de Ouncho (Medjourtines).

ESPÈCES A AJOUTER :

Page 32 :

52 *bis*. Cucumis prophetarum

L. Sp., 1436.

Hab. — Désert des Çomalis.

Page 52 :

93 *bis*. Barleria Hildebrandtii.

S. Moore, Journ. of bot. new ser., vol. VI, p. 69.

Hab. — Région des Çomalis. — Vulg. *Guédad.*

A. FRANCHET.

1ᵉʳ Juin 1882.

PARIS. — IMPRIMERIE JULES TREMBLAY, RUE DE L'ÉPERON, 5.

SERTULUM SOMALENSE.

Page 17. ligne 26 et endroits divers, lire : *Karin* au lieu de *Carin*.
Page 28, ligne 15, lire : *Bio Kololla* au lieu de *Bio Colossa*.
Page 66, ligne 26, lire : *Barror* au lieu de *Barroz*.

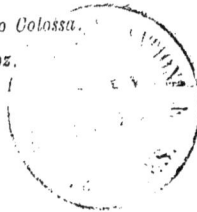

1

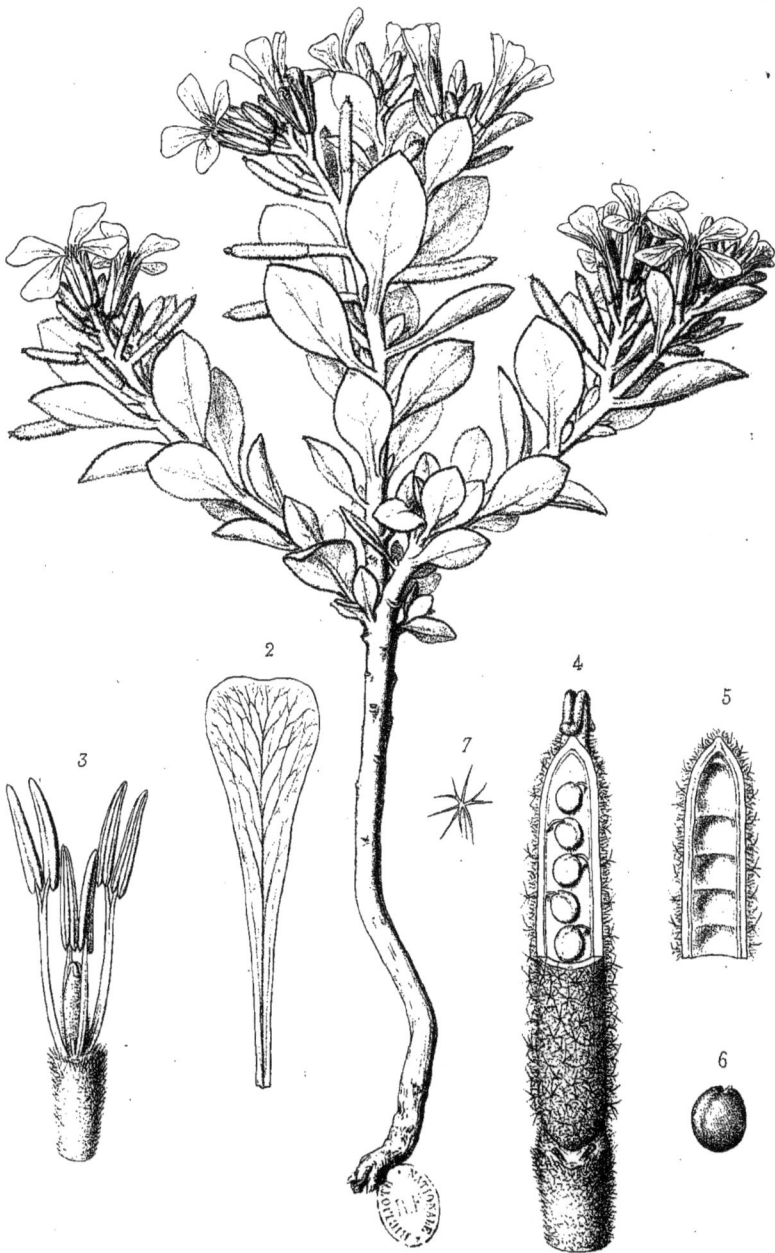

2

3

7

4

5

6

Moisson y. Neveu (Pays Comalis.)

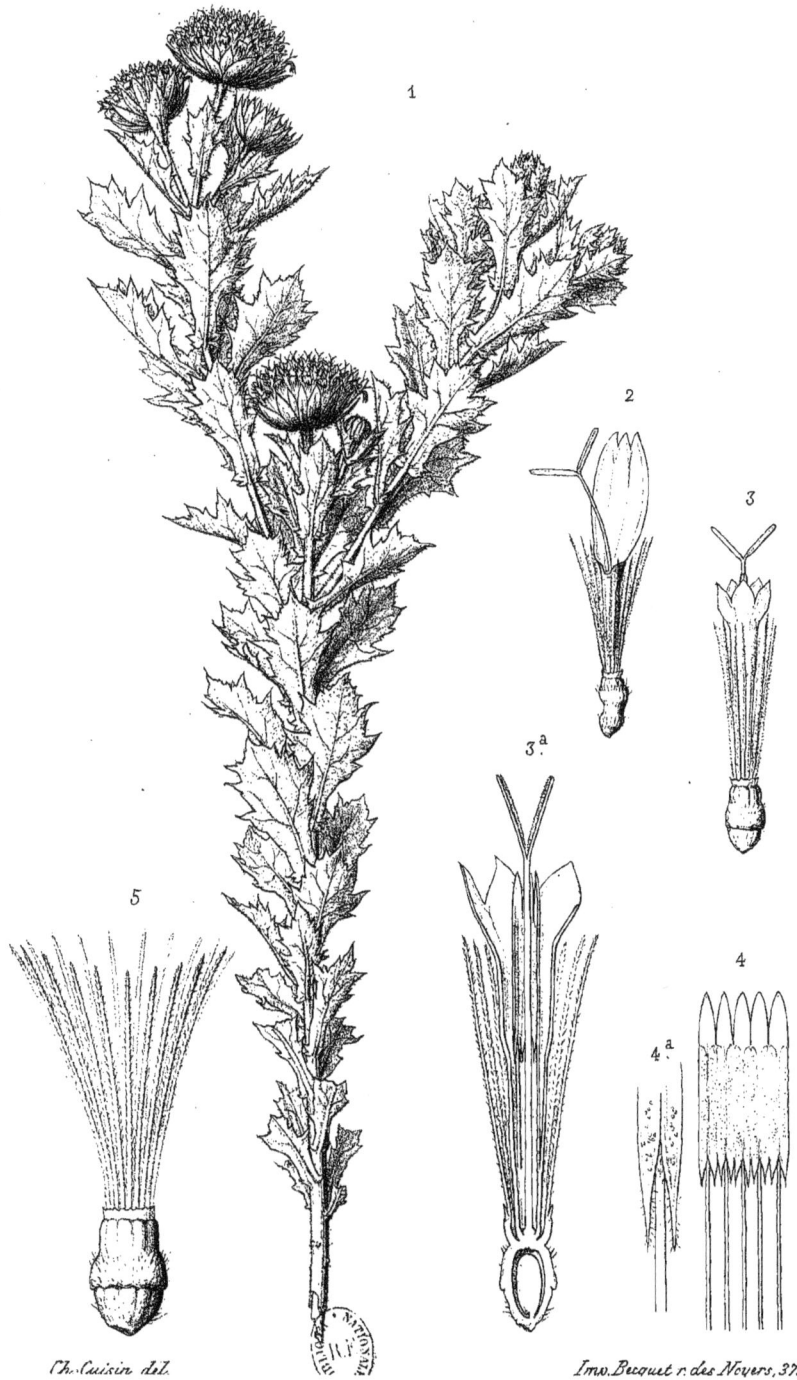

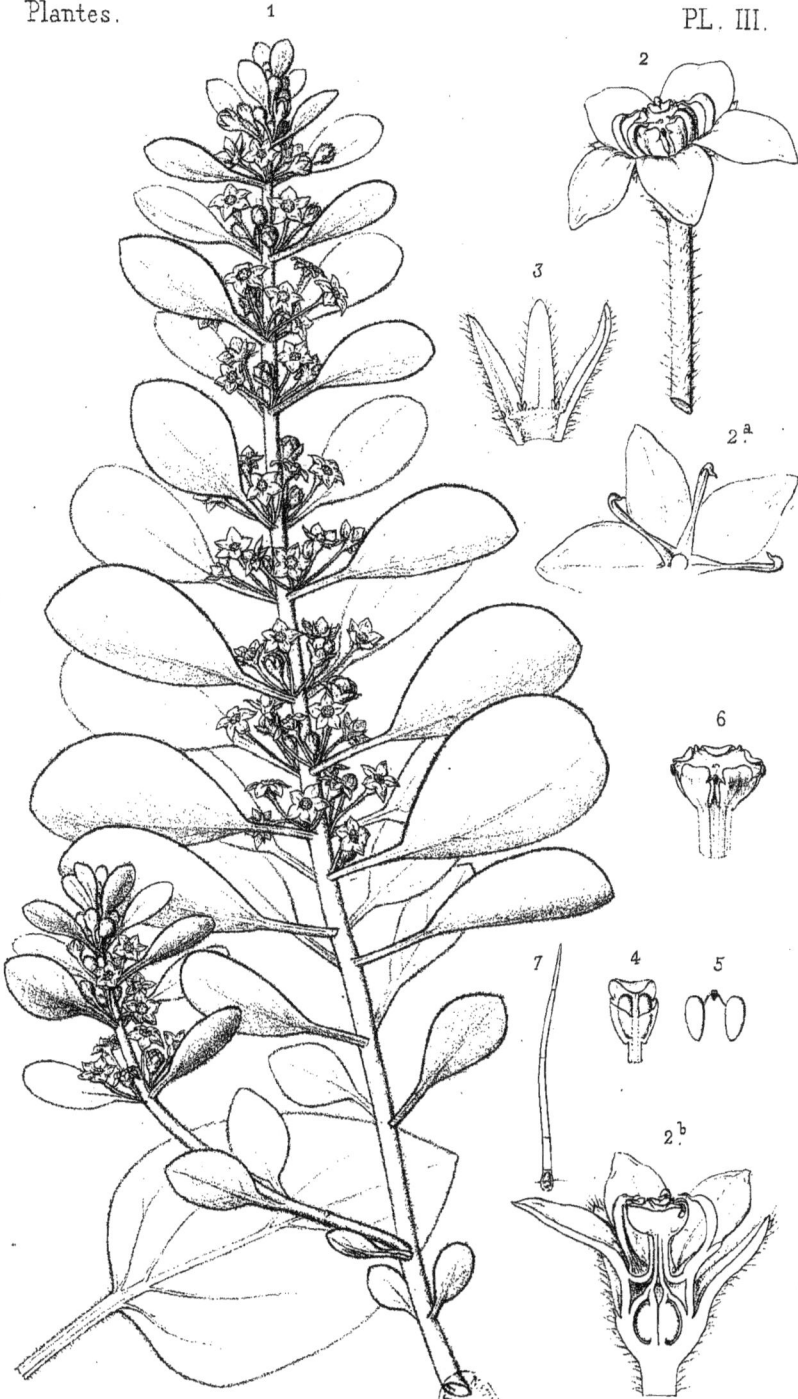

Plantes.

1

PL. III.

2

3

2.ᵃ

6

7 4 5

2.ᵇ

Plantes.

PL. IV.

2

2ª

1

2ᵇ

4

3

5

Plantes.

PL . V.

1

2

3

4

5

6

8

7

10

9

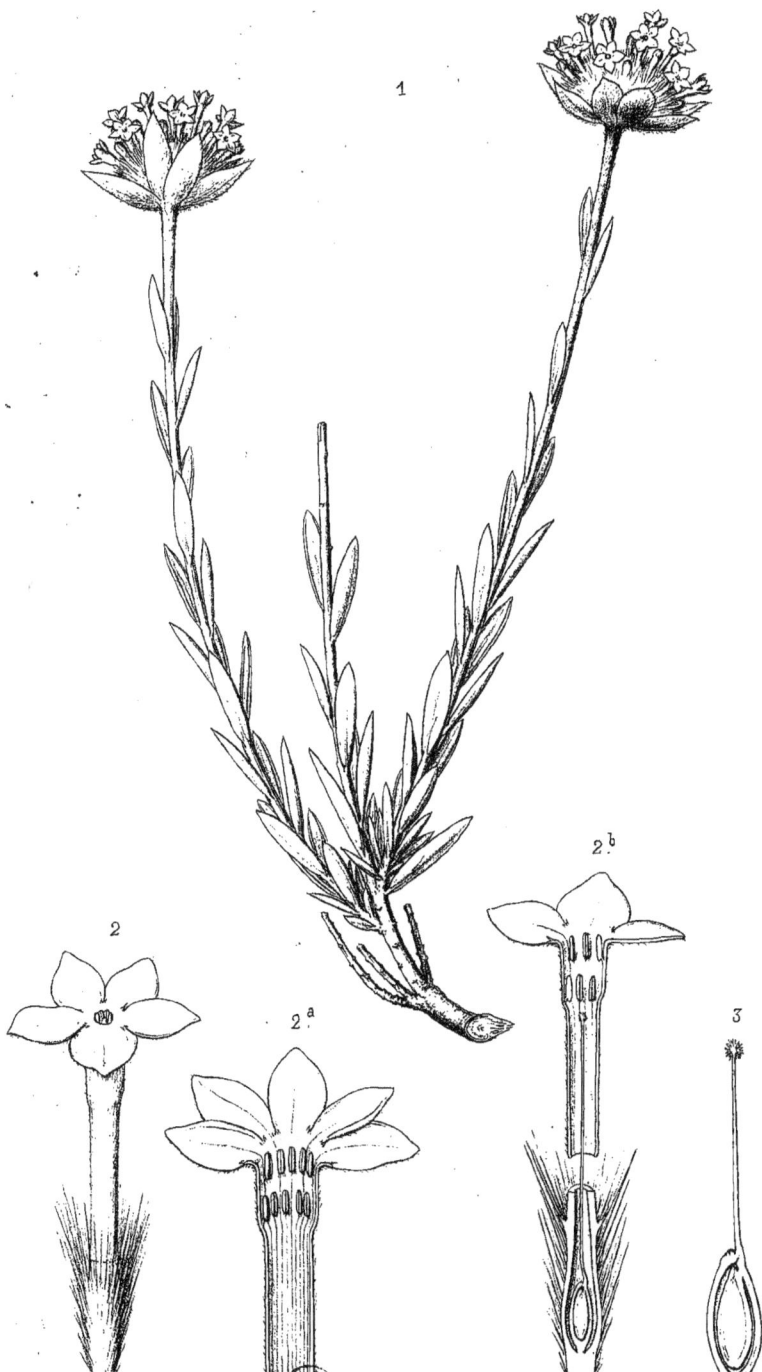

1

2

2ᵃ

2ᵇ

3

www.ingramcontent.com/pod-product-compliance
Lightning Source LLC
Chambersburg PA
CBHW071240200326
41521CB00009B/1556